BEI GRIN MACHT SICH IHR WISSEN BEZAHLT

- Wir veröffentlichen Ihre Hausarbeit, Bachelor- und Masterarbeit

- Ihr eigenes eBook und Buch - weltweit in allen wichtigen Shops

- Verdienen Sie an jedem Verkauf

Jetzt bei www.GRIN.com hochladen und kostenlos publizieren

Christian Bachmann

Auswirkungen von Waldumbaumaßnahmen auf die DOC-DN Dynamik und Aluminium-Toxizität in einem Kiefern- und Buchenbestand („Grünes Auge") in Ostthüringen

GRIN Verlag

Bibliografische Information der Deutschen Nationalbibliothek:

Die Deutsche Bibliothek verzeichnet diese Publikation in der Deutschen National-
bibliografie; detaillierte bibliografische Daten sind im Internet über http://dnb.d-
nb.de/ abrufbar.

Impressum:

Copyright © 2010 GRIN Verlag GmbH
Druck und Bindung: Books on Demand GmbH, Norderstedt Germany
ISBN: 978-3-656-54247-6

Dieses Buch bei GRIN:

http://www.grin.com/de/e-book/264712/auswirkungen-von-waldumbaumassnahmen-
auf-die-doc-dn-dynamik-und-aluminium-toxizitaet

Auswirkungen von Waldumbaumaßnahmen auf die DOC-/ DN Dynamik und Aluminium-Toxizität in einem Kiefern- und Buchenbestand („Grünes Auge") in Ostthüringen

- Beschreibung und Erklärung von DOC- und DN-Flüssen in einem Kiefern- und Buchenbestand
- Auswirkungen der Niederschlagsverhältnisse, der Vegetation und der Bodenkompartimente auf die DOC/DN Flussgrößen
- Beschreibung und Erklärung der mittleren Al^{3+} Konzentration in einem Kiefern- und Buchenbestand sowie deren Auswirkungen auf den Standort
- Effekte des Waldumbaus auf den pH-Wert und der Al-Toxizität

Zusammenfassung

Inhalt dieser Arbeit war die Bestimmung der Bodenbedingungen in einem Kiefern- und Buchenbestand im Bezug auf die DOC/DN-Flussgrößen und der Al^{3+} Konzentration mit einem Verweis auf den pH-Wert der jeweiligen Standorte. Die notwendigen Daten wurden in einem zehnmonatigen Messzeitraum (25.03.2009-22.01.2010) in der Nähe von Kahla ermittelt. Zur Erfassung der Bodenwerte stellte man Regensammler, Humuslysimeter und Ah-Lysimeter im Testgelände auf und analysierte die erhobenen Daten anhand verschiedener Untersuchungsmethoden im Labor. Nach der Beschreibung der Daten mit Hilfe von Diagrammen und Tabellen sowie der Interpretation der Ergebnisse unter Einsatz von Fachliteratur konnte festgestellt werden, dass die Waldumbaumaßnahmen mit Hilfe des Buchenbestandes einen positiven Einfluss auf die Bodenbedingungen hatten, was das Beispiel der Al^{3+} Konzentration aufzeigte. Zudem konnte der große Einfluss der verschiedenen Bodenkompartimente, der Vegetation und der Niederschlagsverhältnisse auf die DOC- und DN-Flussgrößen bewiesen werden.

Schlüsselwörter: DOC, DN, pH-Wert, Al^{3+} Konzentration, Aluminium-Toxizität, Buche, Kiefer, Bodenkompartimente

Einleitung

Ziel dieses Artikels soll die Feststellung der Auswirkungen von Waldbauumbaumaßnahmen auf die DOC/DN Dynamik und der Aluminium-Toxizität in einem Kiefern- und Buchenbestand in Ostthüringen sein. Um dieses Ziel zu erreichen, wurden in einem Zeitraum von zehn Monaten (25.03.2009-22.01.2010) Bodenbeprobungen in einem 14 Tage Intervall durchgeführt. Mithilfe von Regensammlern, Ah- und Oh-Lysimetern konnten folgende Werte im Labor analysiert bzw. berechnet werden: DOC, DN, TC, TOC, TIC, TN, DC, DIC, PON, POC, Al^{3+}, PO_4^{3-}, NO_3^-, pH-Wert und die elektrische Leitfähigkeit. Aufgrund der komplexen Informationsdichte der Bodenanalyse bezieht sich dieser Artikel nur auf die DOC/DN Flüsse sowie der Aluminium Werte im Kiefern- und Buchenbestand. Zum besserem Verständnis wurden verschiedene Tabellen und Diagramme konstruiert, welche die Zusammenhänge zwischen den verschiedenen Stoffflüssen und dem Kiefern- und Buchenbestand aufzeigen sollen.

Material/Methoden

Standort

Das Untersuchungsgebiet befindet sich in einem Kiefernforst, wobei ein Bestand aus Buchen ein sogenanntes „Grünes Auge" bildet. Zu finden ist dieses Gebiet an der Landstraße zwischen Seitenbrück und Trockenborn-Wolfersdorf. Die geographischen Koordinaten betragen laut *TLV* (1999) 50°47'38" nördliche Breite und 10°39'51" östliche Länge. Das Gebiet liegt in einer Höhe von 350 m über NN und ist Süd-Ost-Exponiert. Der Standort besitzt eine Niederschlagsrate von 600 mm im Jahr mit einer Jahresdurchschnittstemperatur von 7,5 °C und ist in Folge dessen dem kühlem, mäßig feuchten Hügelland-Klima zuzuordnen. Das Ausgangsgestein bildet der triassische Bundsandstein, welcher zu einem Podsolboden mit Rohhumus als Humusform geführt hat. Der Waldbestand weist ein Alter von etwa 60-70 Jahren auf.

Probenentnahme

Um die benötigten Daten zu erlangen, wurden zum einem auf der Freifläche drei Niederschlagssammler (Höhe: 1m, Durchmesser: 20 cm, in Gruppe) aufgestellt. Des Weiteren installierte man auf den Testflächen des Kiefern- und Buchenbestandes jeweils fünf Regensammler (Höhe: 1m, Durchmesser: 20 cm, in Reihe) zur Ermittlung des Bestandesniederschlages. Obendrein wurden vier Humuslysimeter (Durchmesser: 19,5 cm, paarweise) unter dem Oh und vier Ah-Lysimeter (Durchmesser: 19,5 cm, einzeln) unter dem Ah-Horizont des Bodens eingesetzt. Die Probeentnahme erfolgte alle 14 Tage in einem Zeitraum von 10 Monaten (25.03.2009-22.01.2010). Während der Entnahme wurde das Volumen der Proben mittels eines Messzylinders bestimmt und in Flaschen abgefüllt.

Untersuchungsmethoden im Labor

Zur Analyse der Proben wurden diese im Labor der Chemisch-Geowissenschaftlichen Fakultät von Jena überprüft. Der erste Punkt der Analyse umfasste die Filtration (0,45 µm) der Bodenproben, welche anschließend mittels eines Shimadzu Total Organic Carbon Analyzer – TOC-Vcpn mit thermischer Oxidation der Verbindungen zu CO_2 und NO_x im Kontext der DOC/DN-Flussgrößen untersucht wurden. Zur Ermittlung der Al^{3+} Konzentration in den Bodenproben diente die Photometrie. Für die Erfassung des ph-Werte und der elektrischen Leitfähigkeit konnte das WTW pH 315i Gerät benutzt werden. Die resultierenden Ergebnisse wurden in eine Excel Datenbank überführt, auf deren Grundlage die benutzten Diagramme und Tabellen entstanden.

Ergebnisse

Die folgenden Ergebnisse beruhen auf den Messdaten, welche auf dem Testgelände im Zeitraum vom 25.03.2009-22.01.2010 gesammelt und im Labor analysiert wurden. Zur besseren Darstellung der Daten hat man den Mittelwert und die Standardabweichung berechnet und in den Diagrammen abgebildet. Die Werte der DOC- und DN-Flussgrößen wurden in kg/ha*t und die Werte der Al^{3+} Konzentration in g/ha*t angegeben.

Vergleicht man den Kurvenverlauf der DOC- und DN-Flussgrößen mit der Niederschlagsverteilung (Abb. 1) im Beprobungszeitraum, so kann eine Korrelation zwischen diesen drei Variablen erkannt werden. Die Zu- und Abnahme der DOC- und DN-Werte (Abb. 2-7) stimmt mit der Menge an Niederschlag überein. Auffallend sind die großen Niederschlagsmengen der Termine des 25.3.09, 18.6.09 und des 30.07.09 sowie der größeren Niederschlagsereignisse im Spätherbst bzw. des frühen Winters und den damit erhöhten DOC- und DN-Flussgrößen. Die nicht vorhandenen Werte von DOC bzw. DN (z. B. am 02.07.09) sind in Folge dessen durch keine bzw. sehr geringe Niederschläge in dem Zeitraum zu erklären. Der Eintrag an Niederschlag stellt im Zuge dessen eine wichtige Variable bei den DOC- und DN-Flussgrößen dar. Die kumulativen Flussgrößen von DOC und DN sind in Tabelle 1 einsehbar.

DOC-Messwerte

Wird ein Vergleich der DOC-Messwerte des Kiefern- und Buchenbestandes gemacht, so lässt sich feststellen, dass der Kiefernbestand höhere Messwerte aufweist (Abb. 2, Abb. 4, Abb. 6) und größere Standardabweichungen besitzt. Zudem ist der Verlauf der Kurven größeren Schwankungen unterzogen, d.h. es konnten größere Unterschiede der Minimal- und Maximalwerte festgestellt werden. Unterschiede der DOC-Flussgrößen im Jahresverlauf waren in allen Kompartimenten nicht erkennbar. Rückt der Verlauf der Kurven des Kiefern- und Buchenbestandes in den Blickpunkt des Betrachters, so kann ein relativ gleichartiger Verlauf der Kurven erkannt werden. Des Weiteren lässt sich ablesen, dass die Stoffflüsse unter den Kompartimenten Unterschiede aufweisen. Im Kiefernbestand nimmt der Stofffluss vom Freilandniederschlag über den Bestandesniederschlag (Abb. 2) und dem Ah-Horizont (Abb. 6) des Bodens bis zum Oh-Horizont (Abb. 4) stetig zu. Ein ähnliches Bild zeigt der Buchenbestand auf. Die Flussgrößen des Freilandniederschlages sind hier auch am geringsten und nehmen zum Bestandesniederschlag zu. Allerdings ist der Unterschied zwischen dem Oh- und Ah-Horizont des Bodens weitestgehend nicht erkennbar. Vergleichbare und ähnliche Werte zeigte *McDowell et al.* (2004) in seiner Studie in Laub- und Nadelwäldern im Bezug auf die DOC-Flussgrößen auf. Weitere Unterschiede können auch zwischen der Freilandfläche und der Waldfläche festgemacht werden. Die Messwerte der Freilandfläche weisen geringere Flussgrößen auf (Abb. 2). Zudem sind die Werte des Bestandesniederschlages in den meisten Fällen geringer, als die der beiden Bodenhorizonte.

3.2 DN-Messwerte

Gleichermaßen sind auch beim Vergleich der DN-Messwerte des Kiefern- und Buchenbestandes die Flussgrößen des Kiefernbestandes höher als die des Buchenbestandes (Abb. 3, Abb. 5, Abb. 7). Der Eintrag, gemessen in kg/ha*t, weist aber kleinere Werte im Vergleich der DN-Flussgrößen zu den DOC-Flussgrößen auf. Die Standardabweichungen zeigen wieder ein ähnliches Bild, wie dies schon die DOC-Werte darstellten. Zudem lassen sich gleichfalls wieder größere Schwankungen in den DN-Flussgrößen des Kiefernbestandes feststellen, welche wieder durch die größeren Unterschiede der

Minimal- und Maximalwerte ausgemacht werden. Der Verlauf der Kurven des Kiefern- und Buchenbestandes ist dabei relativ identisch. Obendrein ist eine leichte Abnahme der DN-Werte im Jahresverlauf zu erkennen. Die Stoffflüsse unter dem Kompartimenten der DN-Messwerte weisen allerdings eine andere Reihenfolge als die der DOC-Messwerte auf. Die Flussgrößen des Ah-Horizontes sind in diesem Fall (Abb. 7) am niedrigsten. Ein Anstieg der Werte vom Oh-Horizont (Abb. 5) über den Bestandesniederschlag und zuletzt dem Freilandniederschlag (Abb. 3) ist auf den Diagrammen zu erkennen. Unterschiede im Jahresverlauf durch die Jahreszeiten treten in den Diagrammen nicht deutlich hervor. Ein analoges Ergebnis zeigte auch *Solinger et al.* (2001) in seiner Studie in einem Laubwald im Bezug auf die DN-Konzentration in den verschiedenen Bodenhorizonten auf. Ein gravierend großer Unterschied zwischen den Kiefern-und Buchenbestand konnte aber nicht festgestellt werden.

pH-Werte und Al^{3+} Konzentration

Die pH-Werte aller Standorte (Abb. 8-10) der Probeentnahme lagen im starken bis schwach sauren Bereich (3,87 bis 6,69). Die pH-Werte des Kiefernbestandes waren dabei noch unter dem des Buchenbestandes. Dies bestätigt auch *Rowell* (1997), welcher feststellte, dass Nadelbäume zu einer schnelleren Versauerungsgeschwindigkeit beitragen. *Scheffer & Schachtschabel* (2008) bewies indes, dass eine natürlich bedingte Versauerung in gemäßigt- bis kühlhumiden Klimabereichen stattfindet. So bilden pH-Werte in Waldböden von 2,8-3,8 keine Seltenheit mehr.

Die mittlere Al^{3+} Konzentration wurde für die letzten sechs Beprobungstermine (30.10.2009-22.01.2010) ermittelt. Diese können in Tabelle 2 eingesehen werden, wobei für diese Tabelle der Mittelwert der Daten herangezogen wurde. Zu erkennen ist bei dem Buchenbestand eine Zunahme der Al^{3+} Werte vom Bestandesniederschlag über dem Oh- und Ah-Horizont (Abb. 8-10). Die Werte der beiden Bodenhorizonte unterscheiden sich in diesem Fall aber nur marginal. Wendet man seinen Blick auf den Kiefernbestand, so lässt sich feststellen, dass eine Zunahme der Al^{3+} Werte vom Bestandesniederschlag über den Ah- und dem Oh-Horizont zu sehen ist.

Wird nun ein Vergleich zwischen dem pH-Wert und der Al^{3+} Konzentration zwischen den verschiedenen Beprobungsstandorten gemacht, so kann eine Korrelation erkannt werden. Mit steigender Al^{3+} Konzentration sinkt der pH-Wert ab. Diesen Zusammenhang bestätigt auch *Scheffer & Schachtschabel* (1976) in seiner veröffentlichten Abhandlung. So ist die Al^{3+} Konzentration beim Buchenbestand durch den höheren pH-Wert geringer als die des Kiefernbestandes.

Diskussion

DOC-Messwerte

Den Zusammenhang zwischen der Niederschlagsverteilung und der DOC-Konzentration im Boden zeigte schon *Borken et al.* (1999) auf, indem er Trocken- und Wiederbefeuchtungsexperimente in einem Waldboden der gemäßigten Zone durchführte. Auch seine Ergebnisse erwiesen, dass durch einen geringeren Wassereintrag der DOC Input im Waldboden reduziert wird und durch einen erhöhten Wassereintrag die DOC-Werte steigen. In Folge dessen bildet die Kronentraufe eine wichtige Quelle des DOC-Inputs, da der gelöste organische Kohlenstoff mit den Niederschlagswasser ausgewaschen wird. Den in den aufgenommenen Daten nicht erkennbaren Einfluss der Jahreszeiten bestätigt auch *Michalzik & Matzner* (1999) in ihren Studien. In Folge dessen spielt der Temperaturverlauf auf dem Testgelände eine untergeordnete Rolle. Die Abnahme der DOC Flussgrößen mit zunehmender Bodentiefe kann durch den Abbau der organischen Substanz erklärt werden. Wie schon *Kuntze* (1994) postulierte, dass der meiste organische Kohlenstoff durch Pflanzen gebunden wird, welche wiederum über pflanzliche und tierische Reste in den Boden gelangen. Mit zunehmender Tiefe werden anschließend die pflanzlichen Reste allmählich abgebaut. Zudem werden 50 % des gebundenen Kohlenstoff wieder durch die Pflanzen veratmet (*Stahr et al.* 2008). Durch diese beschriebenen Vorgänge verringern sich die DOC-Werte im Boden allmählich mit zunehmender Tiefe. Weitere Faktoren der Umwandlungsdauer des DOC im Boden sind laut *Trumbore* (1997) das Klima sowie das Ausgangsgestein und die Topographie. Die geringe DOC Konzentration im Freilandniederschlag lässt sich durch die geringe CO_2 Konzentration in der Luft erklären. Laut *Strahler & Strahler* (2005) beträgt die CO_2 Konzentration in der Luft ca. 0,04 %. Durch diesen geringen Wert sind in Folge dessen die DOC-Werte im Freilandniederschlag relativ gering. Der im Vergleich zum Freilandniederschlag erhöhte DOC-Wert im Bestandesniederschlag des Kiefern- und Buchenstandortes kann durch die Aufnahme von Kohlenstoff auf den Blättern der jeweiligen Vegetation dargelegt werden. Das Niederschlagswasser sammelt sich dabei auf den Blättern bzw. Nadeln des Baumes, nimmt DOC auf und wird im Nachhinein erst in den Behältern des Bestandesniederschlages aufgesammelt. Zudem zeigte *Solinger et al.* (2001) auf, dass der Bestandesniederschlag eine wichtige Quelle für DOC in der Humusauflage ist, welches sich in den hier aufgezeigten Ergebnissen widerspiegelte. Der Unterschied der DOC-Messwerte im Kiefern- und Buchenbestand lässt sich des Weiteren durch die unterschiedliche Kronenraumstruktur erklären, da diese sich durch ihre unterschiedliche Blattform und dem Blattflächenindex bei der Aufnahme und Abgabe von Kohlenstoff unterscheiden.

DN-Messwerte

Im Gegensatz zu den DOC-Flussgrößen spielt die Zusammensetzung der Atmosphäre eine größere Rolle bei den DN-Flussgrößen. Da laut *Strahler & Strahler* (2005) die Luft aus 78 % Stickstoff besteht, spielt diese eine entscheidende Rolle beim Stickstoffeintrag. So lässt sich auch erklären, warum der Freilandniederschlag die größten DN-Werte aufweist. Diese nehmen zum Bestandesniederschlag ab, da die Vegetation, in diesem Beispiel der Kiefern- und Buchenbestand, Stickstoff aufnehmen kann. Dies bewies schon *Prescott* (2002) in seiner Studie, indem er feststellen konnte, dass Baumkronen die Fähigkeit besitzen, Stickstoff aufzunehmen und zu speichern. Der Unterschied der DN-Flussgrößen zwischen den Kiefern- und Buchenbestand lässt sich wieder auf die Kronenraumstruktur genannter Vegetation zurückführen. Die höhere Konzentration von DN im Oh-Horizont im Vergleich zum Ah-Horizont des Kiefern- und Buchenbestandes erläutert *Scheffer & Schachtschabel* (2008). Laut genannter Autoren bildet der Stickstoff die Hauptnahrungsquelle für die Pflanzen und gelangt über die Atmosphäre oder der organischen Substanz in den Boden. Durch die größere Konzentration von organischen Material im Oh-Horizont des Bodens weisen die DN-Werte eine höhere Konzentration auf. Zudem filtert der Oh-Horizont einen großen Teil von DN heraus, bevor er in den Ah-Horizont des Bodens gelangt. Die größeren DN-Werte im Frühling zeigte schon *Stahr et al.* (2008) auf, der die allmähliche Abnahme im Jahresverlauf durch den Pflanzenentzug in der Vegetationsperiode erklärte. Ein weiterer Faktor des DN-Eintrages bildet die Streu. Durch die zuvor bereits beschriebene DN-Aufnahme und Speicherung durch den Kronenraum gibt die Streu den Stickstoff wieder an den Boden ab, wenn der Streufall einsetzt. Durch die längere Lebensdauer (3-6 Jahre) der Kiefernadeln verläuft die Stickstoffumsetzung in den Boden im Kiefernbestand langsamer im Vergleich zum Buchenstandort ab. Die höheren DN-Werte im Kiefernbestand lassen sich auch durch die Tatsache erklären, dass Kiefernnadeln sich langsamer zersetzen und so als Stickstofflieferant des Bodens länger erhalten bleiben. Dies zeigte schon *Albers et al.* (2004) in seiner Studie, dass Mikroorganismen die Streu an Buchenstandorten relativ schnell zersetzen können. Stickstoffverluste durch Auswaschungen oder durch Bodenerosionen spielten eine sehr untergeordnete Rolle, was die Dateninterpretation bewies.

pH-Werte und Al^{3+} Konzentration

Die resultierenden Ergebnisse haben gezeigt, dass eine Korrelation zwischen dem pH-Wert und der Al^{3+} Konzentration besteht. Die höhere Al^{3+} Konzentration der Kiefernstandortes lässt sich in Folge dessen durch den relativ niedrigen pH-Wert erklären. Laut *Scheffer & Schachtschabel* (2008) sind die Carbonatpuffer durch diese aufgezeigten niedrigen pH-Werte bereits aufgebraucht, sodass die Al-Silikate zerstört werden. Eine weitere Folge ist die Zerstörung von Tonmineralen und anderen Silikaten. Durch das Fehlen des Puffers, welcher von der Art des Bodens und dem Humusgehalt abhängt, verliert der Boden seine Fähigkeit, sich der Veränderung des pH-Wertes zu widersetzen (*Rowell* 1997). Folglich wird Al^{3+} freigesetzt, was wiederum eine toxische Auswirkung auf die Feinwurzeln hat. Die Aluminiumtoxizität beeinflusst dabei besonders den Ionen- und Wassertransport durch die Wurzelzellemembranen. Diese werden in diesem Zusammenhang dicker und kürzer, sodass die Aufnahme von Wasser und anderen Nährstoffen beeinträchtigt wird (*Rowell* 1997). Der Toxizitäts-Grenzwert variiert hierbei je nach Art der Pflanze. Eine weitere Folge ist die verminderte Arten- und Individuenanzahl von Bodentieren und in Folge dessen die Bildung von ungünstigen Humusformen.

Das Ausmaß der Aluminiumtoxizität hängt dabei laut *Scheffer & Schachtschabel* (2008) von den verfügbaren Pflanzennährstoffen ab. Durch den niedrigen pH-Wert des Kiefernbestandes wird zudem die biologische Aktivität gehemmt und kann so zu Verdichtungen im Unterboden führen (*Scheffer & Schachtschabel* 1976). Betrachtet man Abbildung 9 und 10, so kann erkannt werden, dass diese Auswirkungen vor allem den Oh- und Ah-Horizont des Kiefernstandortes betreffen. Grund für diese schlechten Bedingungen bildet die saure und schlecht abbaubare Kiefernstreu. Wendet sich der Blick auf den Buchenbestand, so können bessere Bodenbedingungen diagnostiziert werden. Durch die höheren pH-Werte ist die Al^{3+} Konzentration nicht so hoch wie im Kiefernbestand. Demzufolge ist der Carbonatpuffer noch intakt und somit wird Al^{3+} nicht in dem Ausmaße freigesetzt. Die Voraussetzungen für gute Bodenbedingungen in den Horizonten sind durch diese Tatsache gegeben. Die Al-Toxizität in dem Kiefernbestand könnte aber durch Maßnahmen, wie z. B. Kalkung oder Düngung, vermindert werden.

Schlussfolgerung

Aus den interpretierten Ergebnissen kann nun eine Aussage über die Bodenbedingungen im Buchen- und Kiefernbestand getroffen werden. Es wurde aufgezeigt, dass die Waldumbaumaßnahmen einen positiven Effekt auf die Bodenverhältnisse erzielt haben. Durch den höheren pH-Wert und der damit verbundenen niedrigeren Al^{3+} Konzentration des Buchenstandortes im Vergleich zum Kiefernstandort sind die Bodenbedingungen des erstgenannten besser einzuschätzen. Zudem konnten Unterschiede der beiden Standorte im Bezug auf die DOC- bzw. DN-Flussgrößen festgemacht werden. Des Weiteren stellte sich im Laufe der Untersuchung heraus, dass die verschiedenen Kompartimente (BN, Oh- und Ah-Horizont des Bodens), die Vegetation und die Niederschlagsverhältnisse die entscheidende Rolle bei der Beeinflussung auf die verschiedenen Flussgrößen spielen. Diese Ergebnisse stimmen in Folge dessen mit denen von *Solinger et al.* (2001) überein, welche postulierten, dass die Wasserflüsse sich auf die DOC- und DN-Stoffflüsse im Bestandesniederschlag, in der Humusauflage und im Mineralboden auswirken.

Literatur

Albers, D., Migge, S., Schaefer, M., Scheu, S. (2004): Decomposition of beech leaves (Fagus sylvatica) and spruce needles (Picea abies) in pure and mixed stands of beech and spruce. Soil Biology and Biochemistry 36, p. 155-164.

Borken, W., Xu Y.-J., Brumme, R., Lamersdorf, N. (1999): A Climate Change Scenario for Carbon Dioxide and Dissolved Organic Carbon Fluxes from a Temperate Forest Soil: Drought and Rewetting Effects: Divisions-7—Forest & Range Soils, p. 1848-1855.

Kuntze, H., Roeschmann, G., Schwerdtfeger, G. (1994): Bodenkunde. Verlag Eugen Ulmer, Stuttgart.

McDowell, W.H., Magill, A.H., Aitkenhead-Peterson, J.A., Aber, J.D., Merriam, J.L., Kaushal, S.S. (2004): Effects of chronic nitrogen amendment on dissolved organic matter and inorganic nitrogen in soil solution. Forest Ecology and Management 196, p. 29–41

Michalzik, B., Matzner, E. (1999): Dynammics of dissolved organic nitrogen and carbon in a European Norway spruce ecosystem. European Journal of Soil Science 50, p. 579-590.

Prescott, C. E. (2002): The Influence of the forest canopy on nutrient cycling. Tree Physiology 22, p. 1193-1200.

Rowell, D.L. (1997): Bodenkunde. Untersuchungsmethoden und ihre Anwendungen. Springer Verlag, Berlin.

Scheffer, F., Schachtschabel, P. (1976^9): Lehrbuch der Bodenkunde. Ferdinand Enke Verlag, Stuttgart.

Scheffer, F., Schachtschabel, P. (2008[15]): Lehrbuch der Bodenkunde. Spektrum Akademischer Verlag, Heidelberg.

Solinger, S.,Kalbitz, K., Matzner, E. (2001): Controls of dynamics of dissolver organic carbon and nitrogen in a Central European deciduous forest. Biogeochemistry 55, p. 127-346.

Stahr, K., Kandeler, E., Herrman, L., Streck, T. (2008): Bodenkunde und Standortlehre. Verlag Eugen Ulmer, Stuttgart.

Strahler, A.H, Strahler, A.N. (2005[3]): Physische Geographie. Verlag Eugen Ulmer, Stuttgart.

Thüringer Landesforstverwaltung (TLV) (1999): Station 13 – Hauptmessstation Holzland.. www.thueringen.de/de/forst/waldoekologie/waldzustand/hms_holzland/content.html.

Trumbore, S. E. (1997): Potential Responses of Soil carbon to Global Change. Proceedings Natl. Acad. Sciences 94: 8, p. 284-8,291.

Anhang

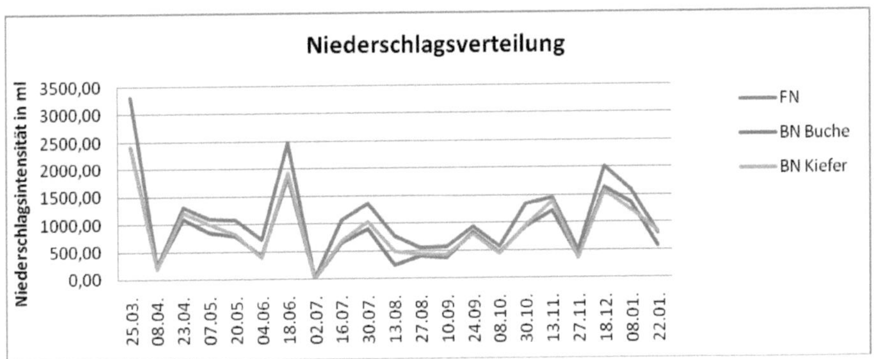

Abb.1 Niederschlagsverhältnisse im Beprobungszeitraum

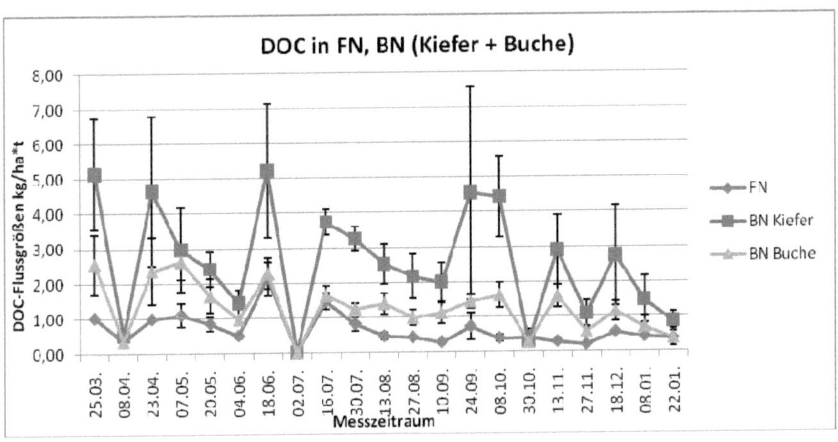

Abb. 2 DOC in FN, BN (Kiefer + Buche)

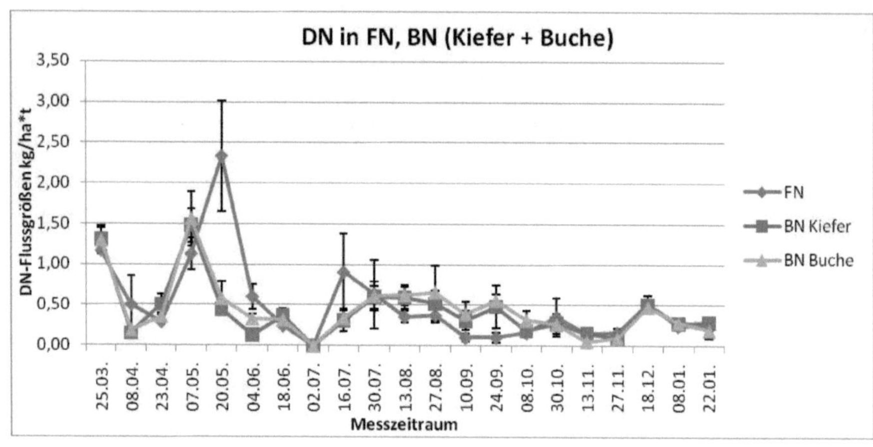

Abb. 3 DN in FN, BN (Kiefer + Buche)

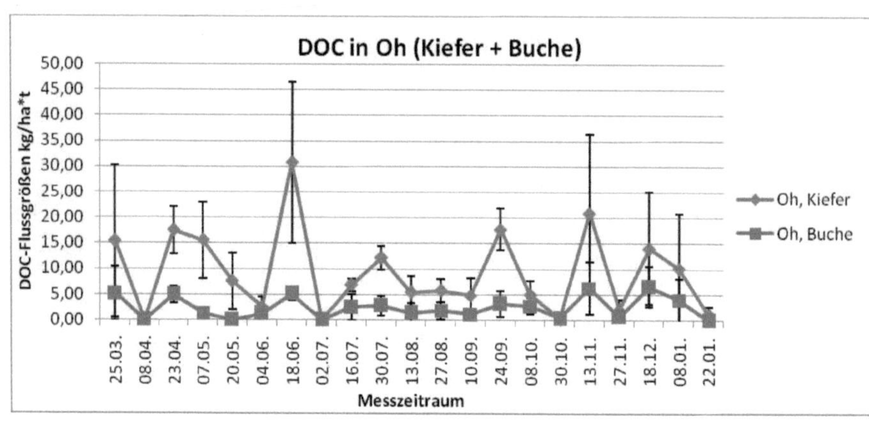

Abb. 4 DOC in Oh (Kiefer + Buche)

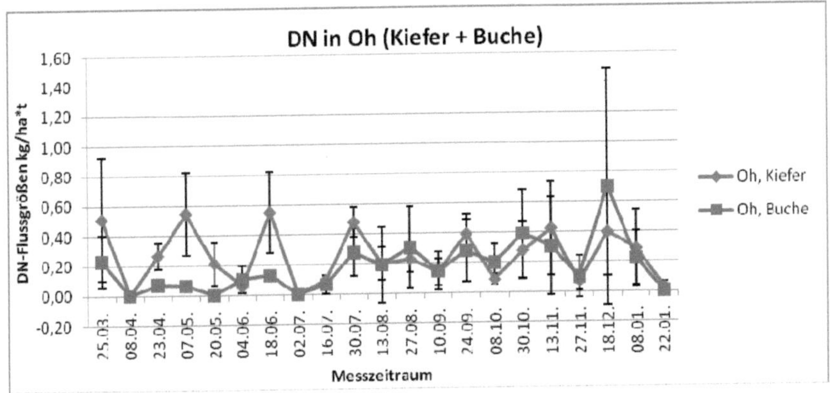

Abb. 5 DN in Oh (Kiefer + Buche)

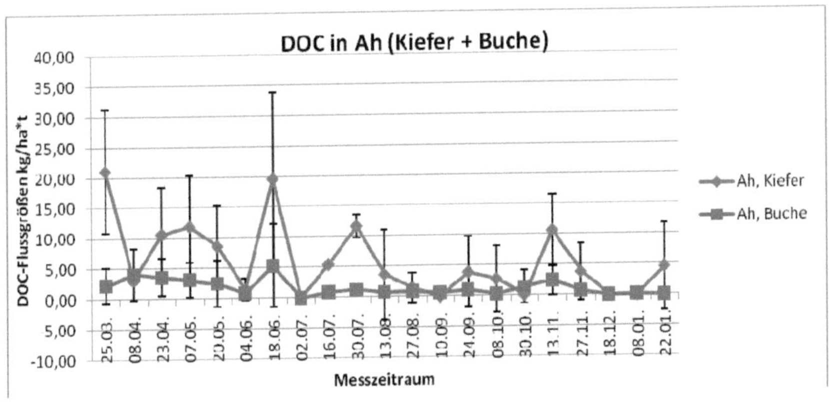

Abb. 6 DOC in Ah (Kiefer + Buche)

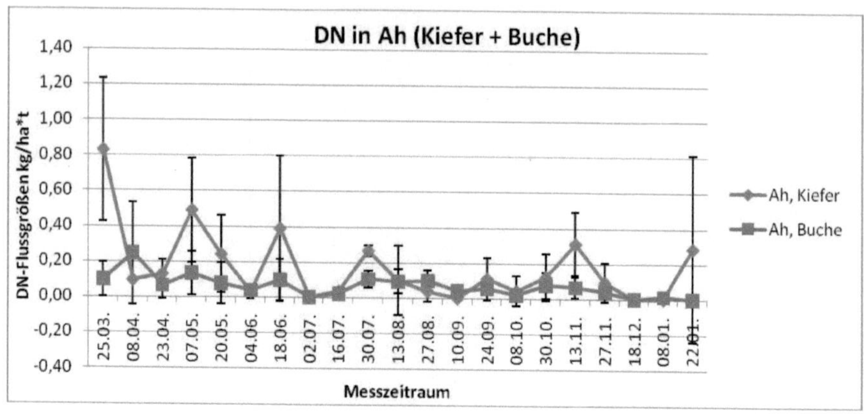

Abb. 7 DN in Ah (Kiefer + Buche)

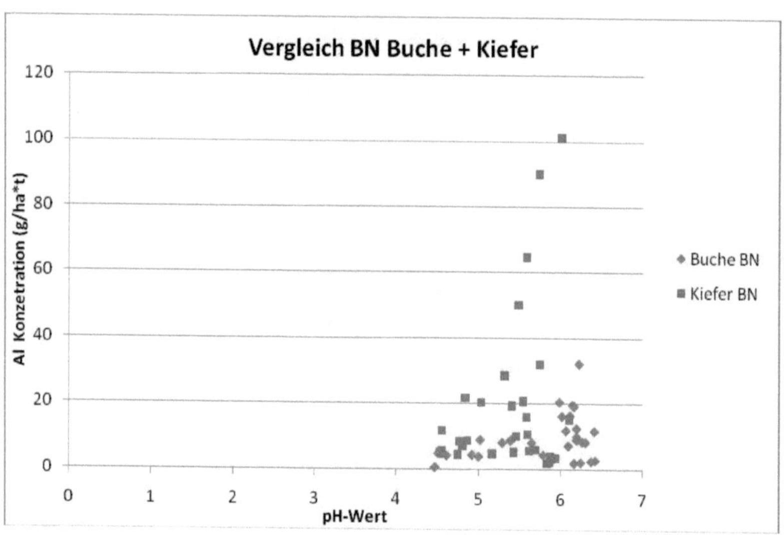

Abb. 8 Al^{3+} Konzentration/pH-Wert im BN (Buche + Kiefer)

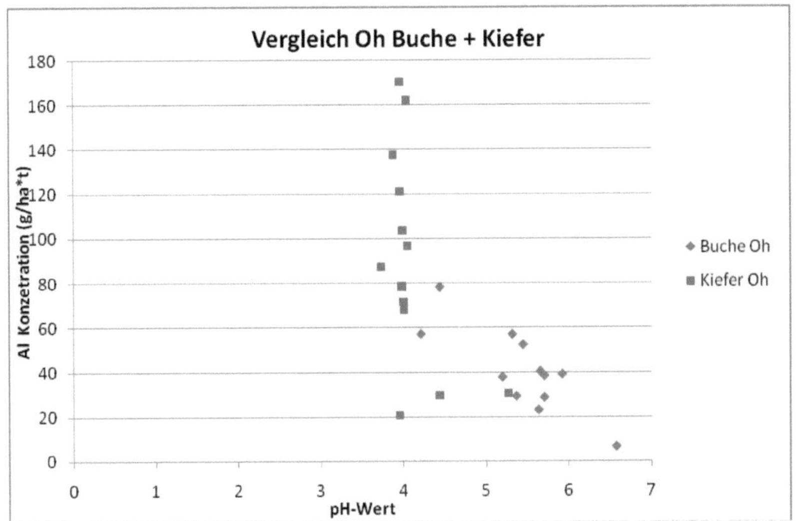

Abb. 9 Al^{3+} Konzentration/pH-Wert im Oh (Buche + Kiefer)

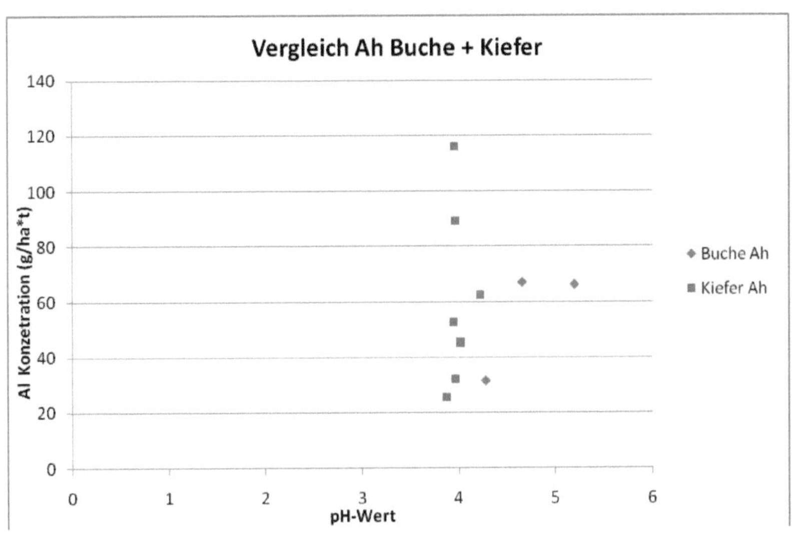

Abb. 10 Al^{3+} Konzentration/pH-Wert im Ah (Buche + Kiefer)

Tab. 1 kumulative Flüsse von DOC und DN (Kiefer + Buche)

Kompartiment	Kiefer		Buche	
	DOC	DN	DOC	DN
	kg ha^{-1} 10 Monate^{-1}			
FN	DOC: 13,69 DN: 10,61			
BN	54,35	9,02	26,90	9,52
Oh	195,98	5,23	51,18	3,76
Ah	124,43	3,61	32,27	1,38

Tab. 2 mittlere Al^{3+} Konzentration (Kiefer + Buche)

Kompartiment	**Kiefer**	**Buche**
	Al^{3+}	Al^{3+}
	g/ha*t	
FN	10,61	
BN	19,78	9,42
Oh	66,81	29,66
Ah	47,77	22,98